NOTICE

SUR LA

POUDRE PRÉVENTIVE ET CURATIVE DES MALADIES CONNUES DE LA VIGNE

ET FERTILISANTE

DONT

M. JUSTIN DE BONNE

Est l'Inventeur Breveté S. G. D. G.

ACCOMPAGNÉE D'OBSERVATIONS RELATIVES AU MODE ET AU MOMENT D'EN FAIRE L'APPLICATION, SURTOUT CONTRE LA NOUVELLE MALADIE DU PHILLOXÉRA.

BÉZIERS,

IMPRIMERIE D'ERNEST FUZIER, RUE MONTMORENCY, 11,

—

1872.

POUDRE FERTILISANTE

PRÉVENTIVE ET CURATIVE

DES

MALADIES CONNUES

DE LA

VIGNE

NOTICE

SUR LA

POUDRE PRÉVENTIVE ET CURATIVE DES MALADIES CONNUES DE LA VIGNE

ET FERTILISANTE

DONT

M. JUSTIN DE BONNE

EST

L'Inventeur Breveté.

S. G. D. G.

ACCOMPAGNÉE D'OBSERVATIONS RELATIVES AU MODE ET AU MOMENT D'EN FAIRE L'APPPLICATION, SURTOUT CONTRE LA NOUVELLE MALADIE DITE DU PHILLOXÉRA.

CE *Procédé* pour guérir les maladies connues de la vigne, et de plus, pour la *fertiliser* comme engrais, est un ***composé***, par mélange, dans des proportions différentes, de plusieurs substances dont la dénomination, les quantités, et un aperçu de quelques-unes de leurs propriétés ne sera pas chose inutile pour faire comprendre, tout d'abord, la ***vraisemblance*** de l'efficacité d'un pareil *moyen* dont l'emploi, tel qu'il sera recommandé, fera atteindre le but proposé.

Cette *poudre* consiste tout simplement, en les substances suivantes, pulvérisées et tamisées très-finement :

1° *Pyrite de fer sulfuré*, dans la proportion de six parts, relativement au tout.

Cette *substance minérale* que le soussigné extrait d'un gisement particulier et spécial, contient, en moyenne, 47 pour 0|0 de soufre, d'après l'analyse faite le 23 mai 1867 à l'École des Mines de Paris; sa gangue est du *Granit-Felds-path-orthose*, contenant de la potasse. On sait, en outre, que la Pyrite de fer sulfuré est une terre pyriteuse considérée comme *engrais*; et qu'indépendamment des grands services qu'elle a rendu à l'industrie dans ses produits chimiques, elle est appelée à en rendre de plus grands à l'agriculture, soit qu'on l'applique au soufrage de la vigne, après lui avoir fait subir l'opération préalable de la trituration, ainsi que cela se pratique en Bourgogne et encore dans le Midi, soit par la combinaison avec les engrais *animaux* et *végétaux* dont elle devait devenir un puissant auxiliaire, en prévenant l'évaporation des gaz *ammoniaques* qu'elle fixerait sur le sol. C'est ce qu'on peut voir sur le Journal des Mines du 26 novembre 1863, page 550 et suivantes, dans un article intitulé : *Notice sur la Piryte de fer dans le Gard.* On lit encore, dans le même article, le passage suivant : « Le Midi de la France, si pauvre en engrais, trouverait, « dans l'emploi de la Pyrite pulvérisée, un vigoureux agent « de production, et, par suite, une augmentation de ri- « chesse. »

M. Louis Faucon (Voir notes sur la maladie des vignes dite du Philloxéra, dans le territoire de la commune de Gravéson, département des Bouches-du-Rhône. — Extrait du Messager Agricole), — Au nombre des résultats qu'il aurait obtenus dans son traitement, par *la submersion*, sur ses vignes du Mas-de-Fabre, infectées par ledit insecte ravageur, considère comme le plus *puissant auxiliaire* de son traitement, les *engrais de commerce* qu'il leur distribue pendant l'hiver. Il déclare, d'après son aveu de viticulteur, que s'ils ne *guérissent pas radicalement les vignes atteintes de la maladie de cet insecte dévastateur, il est indubitable qu'ils en atténuent les effets.* Il ne craint pas d'avancer « que c'est à l'emploi des engrais contenant de la *potasse*, *de la soude*, « *de la magnésie* et divers *phosphates* qu'il doit de ne pas » avoir vu mourir ses vignes, en 1868 et 1869, par les » atteintes de ces insectes dévastateurs. »

2°. — *Oxide de Manganèse* :

Cette substance minérale que le soussigné extrait d'un gisement particulier et spécial, entre dans la composition de la *poudre* en question, dans la proportion précédente. C'est un *oxide de Manganèse*, de l'espèce dite *Pyrolusite*. Sa gangue est un *carbonate de chaux*. Ce minerai s'emploie, en *thérapeutique*, contre les maladies de la peau. Elle sert à faire des *chlorures de chaux*, et est un grand désinfectant.

3°. — *Suie de cheminée* ou *de foyer domestique* :

Cette substance y entre pour deux parts également. Elle est un composé *Pyroxéné* très-complexe; elle renferme surtout du charbon qui a échappé à la combustion du bois; un principe huileux *hydrocarburé*, des matières *goudronneuses empyromatiques hydrocarburées* (résine, goudron, bitume); elle contient également du noir de fumée et plusieurs sels, tels que les *sulfates d'ammoniaque*, de *potasse*, de *chaux*. En thérapeutique, on l'emploie, à l'extérieur, contre les dartres, la galle, les plaies ulcérées, et principalement contre la teigne. Elle est vantée comme vermifuge.

Les propriétés de la *suie* prouvent suffisamment son pouvoir *caustique* et *fertilisant*. Cette substance concourt à la guérison de l'oïdium, maladie de la vigne qui est une espèce de *galle, d'excroissance*, *une maladie de la peau*, se plaçant d'abord à l'extérieur des ceps de la vigne, et ensuite gagnant, peu à peu, toutes les parties de l'arbuste *vinifère*, ainsi que le raisin, et principalement certaines qualités, au nombre desquelles se trouve le *Carignan*.

4° — *La Chaux* fait partie de la poudre *viticure* et *fertilisante*; elle entre aussi pour deux parties dans sa composition.

La chaux, comme on le sait, est un *corrosif*, un *caustique*. L'agriculture s'en sert, comme d'un *amendement* des plus puissants pour le sol. En elle-même, elle est propre à vivifier les terres, à les réchauffer, à transformer les contrées stériles, et à détruire les insectes qui infectent souvent les champs, à la différence de *l'engrais* qui enrichit les terrains fertiles, moyennant qu'il soit renouvelé périodiquement. mêlée à différentes matières, elle peut fournir des *composts* et des *engrais*.

On a même dit : « que les chaux comme *engrais d'agri-* « *culture*, les chaux maigres surtout, étaient d'une applica- « *tion aussi étendue que féconde* » (Voir Journal des Mines du 21 avril 1864, page 246.)

La chaux est également utile pour détruire le charbon, (*Uredo Carbo* de de Candolle) des céréales, blé, avoine, et à en empêcher sa reproduction.

On sait que l'*Uredo* est un genre de *cryptogame*, un *parasite végétal* renfermant des espèces très-simples et très-nombreuses qui naissent en creusant dans le tissu même des plantes, et qui s'échappent ensuite au dehors, en *atrophiant* les ovaires des grains, par la manifestation d'une poussière noire sur les épis, notamment du blé ou froment.

Tout le monde connaît en quoi consiste le procédé ou le moyen de l'employer sur les grains, avant de les semer, pour en prévenir le *charbonnage* dans les épis. On emploie également, et avec beaucoup plus de succès encore, contre cette maladie du charbon, le *vitriol bleu* ou le *sulfate de cuivre*, ainsi que le *vitriol vert*, ou *sulfate de fer* (qu'on retire communément des mineries de *cuivre pyriteux* et de la *pyrite de fer sulfuré*), en imbibant les grains, avant leur ensemencement, avec une décoction de l'un ou de l'autre de ces deux produits, dans une quantité proportionnelle d'eau.

A propos de la *Pyrite de fer sulfuré* qui entre pour la plus grande partie dans la composition de la poudre *viticure* et *fertilisante*, (et sans oublier que les terres *pyriteuses* sont généralement considérées comme *engrais*), il n'est peut-être pas indifférent de rappeler ici : que Vauquelin a constaté la présence du *bitume* dans les *minerais de soufre* dont il avait eu l'occasion de faire l'analyse ; et que l'on doit tenir compte, dans les bitumes, de leurs rapports avec la production des *sels ammoniacaux* et *alumineux*, pour faire comprendre combien, à ce point de vue seulement, ce *procédé* ou *mélange* doit être *fécondant* du sol sur lequel on le répand.

La chaux, indépendamment de ses propriétés précitées, en possède d'autres, par son mélange avec les substances dont se compose le présent procédé, et qui ne sont pas indifférentes, pour démontrer le rôle qu'elle peut jouer sur la vigne, au double point de vue qui nous occupe. Ainsi, elle se combine, par son seul contact avec le soufre, ayant plus d'affinité avec ce dernier que n'en ont les *alcalis* ; et elle a une grande attraction avec le phosphore.

Tout ce qui vient d'être dit, rapproché des principes constitutifs de la *Pyrite de fer sulfuré*, de *l'oxide de Manganèse*, de *la suie* et de *la cendre de foyer*, dont il va être parlé, et qui fait également partie des substances avec lesquelles elle se trouve mélangée dans la poudre *préventive* et *curative* des maladies de la vigne, ainsi que *fertilisante*, tout cela devra faire comprendre que ce *corps* employé comme il sera dit, et sous l'influence de l'air atmosphérique, ne pourra que concourir au résultat qu'on se propose.

5°. — *Les cendres de Cuisine* entrent également et dans la proportion de deux parts, dans la composition de la poudre contre les maladies de la vigne. Personne n'ignore qu'on emploie les cendres comme *Engrais*, en les répandant sur les terres.

Ces cendres que l'on peut avec raison appeler *Cendres végétales* rendent la terre fertile; elles renferment de la *Soude* de la *Potasse*, des *acides sulfurique*, *muriatique*, *carbonique*, *phosphorique*, diversement unis avec des *bases terreuses*, *alcalines* etc.; et c'est ce que les laboureurs reconnaissent fort bien, en certain pays où les terres sont trop maigres pour produire longtemps sans y être excitées, aussi font-ils brûler, de temps en temps, une grande quantité de *bois*, de *genêts*, des *ronces*, des *cystes*, et autres arbustes excrûs sur les terrains que l'on veut ensemencer, ainsi que des *mottes* de gazon, et en étendant les cendres sur le sol.

Les *Cendres de cuisine* contiennent surtout de la *potasse*, ce précieux alcali qui, avec la chaux et *l'acide phosphorique*, constituent un ensemble d'*éléments minéraux* indispensables à l'*économie agricole*; elles sont un produit de la combustion libre des *matières organiques* et particulièrement de *végétaux terrestres*. D'après M. Desmarets, ancien élève de l'École Polytechnique, « les *Cendres végétales* sont un corps complexe, puisqu'il ne contient pas moins de huit à dix substances non élémentaires, mais formées elles-mêmes par dix à douze éléments différents qui en comptent une qui y entre

« pour un septième environ, et qu'on appelle *Potasse*. (Voir « son traité élémentaire de Chimie, page 87.)

A propos de la *potasse* contenue dans les *cendres*, il ne faut point perdre de vue que le minerai de *Pyrite de fer sulfuré* que l'inventeur du procédé actuel emploie, contient beaucoup de cette substance et de la soude qui leur donne leur propriété principalement fertilisante.

Le *Feldspath-orthose* qui sert de gangue à ce sulfure, ou *pyrite de fer sulfuré*, joue un grand rôle dans les *engrais minéraux* ; car tout homme qui s'est occupé d'agriculture et de minéralogie ne doit pas ignorer que les roches de *feldspath-orthose*, constituent, à elles seules une mine inépuisable de *potasse*, et doivent être regardées comme une source à laquelle il faut demander le précieux *alcali*, qui, avec la *chaux* et l'*acide phosphorique*, constituent l'ensemble des minéraux indispensables à l'*économie agricole*.

Fourcroy nous apprend, que les *Cendres végétales* contiennent des *acides phosphoriques*; et que ces acides sont diversement unis avec les bases terreuses ou alcalines, dans l'état de *sulfate de potasse*, de *soude*, de *magnésie* et de *chaux*. (Voir son Encyclopédie méthodique, tome III, page 134.)

Cette poudre *viticure* ne peut donc être qu'un très-bon *engrais* pour la vigne, tout en étant un *insecticide*, d'après sa composition, d'après les principes et les éléments qui la constituent, et par l'action de l'air atmosphérique agissant sur ce *corps* ainsi composé.

C'est ce qu'il sera facile de faire encore mieux pressentir, en indiquant la manière dont on doit l'employer sur les vignes atteintes ou présumées atteintes des maladies jusqu'ici connues, et occasionnées, tantôt par des *parasites animaux* ou *végétaux*, tantôt par des insectes, à propos de quoi on a, peut-être, beaucoup trop écrit et pas assez instruit.

Quant à la maladie de la vigne connue sous le nom d'*oïdium*, d'après les uns, qui ont adopté cette dénomination, elle serait le fait de la croissance, sur l'épiderme de cette plante, d'une sorte de petit champignon ou *parasite végétal* connu des naturalistes sous nom d'*érysiphé*; et d'après d'autres, on aurait ajouté au nom d'*oïdium* celui de *tuckeri*, à cause de sa découverte par M. Tucker, jardinier anglais, qui a constaté le premier l'action vénéneuse de ce *cryptogame* sur la vigne. Et pour ce qui regarde *la nouvelle maladie de la vigne*, qu'on a attribuée à un petit insecte ou puceron, auquel on a donné le nom de *philloxéra vastatrix*, il paraît que c'est là-dessus, tout au plus, qu'on a pu s'entendre jusqu'à ce jour, sans pouvoir indiquer les circonstances au milieu desquelles se sont produits les graves désordres qui ont tant désolé les *propriétés viticoles*. Malgré tout ce que la science et les journaux ont publié sur cette dernière maladie dite du *philloxéra*, on n'était pas d'accord encore sur les points essentiels de la *vie*, des *mœurs* et des *habitudes* de cet insecte dévastateur de la vigne, lorsque a été publié *officiellement* le rapport adressé à Monsieur le Ministre de l'Agriculture et du Commerce, par la Commission que le Gouvernement a instituée *pour l'étude de cette nouvelle maladie de la vigne.*

Néanmoins, en prenant dans ce document tout ce que la science et l'observation ont révélé, et tenant compte des conseils y donnés aux personnes qui chercheront un remède au nouveau mal de la vigne, sans faire attention à tant de procédés déclarés *infaillibles* qu'on a anoncés et qu'on annonce encore tous les jours avec tant *de bruit* et de *réclames*, ce qui, dans l'objet de la présente Notice, aurait pu, tout d'abord, ne paraître que *vraisemblable*, devra inévitablement devenir *positif* et *évident*, surtout, au point de vue pratique que l'expérience justifiera.

Mais avant de citer les résultats qu'ont donné diverses expériences faites sur les maladies de la vigne, avec le *procédé* dont il s'agit, et de passer à l'indication du *mode* et de *l'époque* de son emploi, il est bon, dans l'intérêt de la *vraisemblance* seulement de *l'efficacité de la poudre* qui en fait l'objet, de rappeler les principaux points sur lesquels la science et l'observation sembleraient être d'accord, à propos de la *nouvelle maladie de la vigne*, *dite du Philloxéra*.

En première ligne, nous emprunterons la parole au rapport officiel prémentionné, lequel s'exprime de la manière suivante :

« Le trait extérieur le plus caractéristique de cette *nouvelle* maladie de la vigne, celui qui aurait frappé tous les observateurs, serait l'existence, dans toutes les parcelles atteintes des pucerons, *d'un centre d'attaque* qui s'élargit sans cesse. Les ceps environnant ce premier foyer d'infection s'étiolent et jaunissent de plus en plus, jusqu'à ce qu'ils soient complétement desséchés. Quand la parcelle a une certaine étendue et quand le mal est suffisamment intense, au lieu d'un centre d'attaque, on en trouve plusieurs. Quand on examine les racines des vignes attaquées, on s'aperçoit facilement qu'elles sont le siége des altérations les plus profondes ; on les trouve toujours *molles* et *pourries* ; leurs tissus, *hypertrophiés* et sans consistance, ne résistent pas à la pression des doigts. Ces grands désordres sont occasionnés par une espèce de puceron auquel on a donné le nom de *Philloxéra vastatrix*. Ce puceron, presque invisible à l'œil nu, s'établit sur les racines de la vigne et les pique de son suçoir, afin de se nourrir de leurs sucs. »

« L'insecte qui dévaste ainsi les vignes appartient au genre *Philloxéra*, faisant partie lui-même de *l'ordre* des *hémiptères*, et plus particulièrement du sous-ordre des *homoptères* dont les *cigales*, les *pucerons* et les *cochenilles* sont les représentants les plus connus. »

« D'après les études faites, dans ces derniers temps, les Philloxéras vivent sous deux formes diffférentes : à l'état *aptère* et à l'état *ailé* ; en toute saison et sous les deux formes qu'ils affectent, ils ne pondent jamais que des œufs. Le philloxéra, à l'état aptère, est essentiellement voué à la vie souterraine. Les Philloxéras ailés sont excessivement rares : le nombre de ceux qu'on a pu observer, jusqu'à ce jour, n'est nullement en rapport avec les myriades d'insectes *aptères* qu'on voit partout sur les racines des vignes malades. »

« Le *Philloxéra* mâle, qu'on cherche depuis longtemps, n'a encore été trouvé ni à l'état *aptère*, ni à l'état *ailé*. »

Malgré ce dernier passage, il paraît cependant que MM. Planchon et Lichtenstein, savants entomologistes de Montpellier, ont, après plusieurs années de recherches sans succès, enfin découvert, et dans le mois de juillet dernier, le mâle du *Philloxéra*, ainsi que cela résulte d'une note descriptive de cet insecte, publiée par plusieurs journaux, laquelle note porte entre autres, ce qui suit :

« Au point de vue pratique, la connaissance des mâles ne semble pas encore être importante ; mais elle aurait sa valeur, si nous découvrions que ce sexe se reproduit presque exclusivement sur les *nodosités des radicelles*. »

A ce qui vient d'être reproduit du Rapport de la Commission instituée par le Gouvernement, il sera bon de ne pas passer, sous silence, un passage dont l'esprit de critique et de controverse pourrait vouloir s'emparer, *isolément*, contre le *procédé* ici proposé pour, qu'en m'étayant précisément de *l'ensemble* de cet œuvre réuni à d'autres citations qu'on trouvera plus loin, et principalement d'une expérience faite par M. Ch. Azaïs duquel on verra la déclaration, il me soit donné, au contraire, d'en induire son *efficacité* pour la guérison des maladies connues de la vigne.

Mais, pour éviter tout prétexte, à ce sujet, voici ce passage :

« On rattache à l'existence de l'insecte dit *Philloxéra*, sous sa forme *ailée*, un fait d'une très-haute importance. Dans la vallée du Rhin, et plus encore dans le Bordelais, on a observé, pendant l'été, quelques ceps excessivement rares, dont les feuilles étaient couvertes de galles d'une forme particulière ; la *saillie verruqueuse* est en dessous, et l'ouverture au dessus de la feuille. Ce caractère constant établit une distinction radicale entre les galles dont il s'agit et toutes les autres galles ou boursouflures qu'on trouve sur les feuilles de la vigne. Ces galles sont des nids remplis de pucerons *aptères*, ressemblant beaucoup à ceux qu'on trouve sur les racines. On croit pouvoir attribuer la formation de ces *galles* et l'apparition des habitants qu'elles renferment, aux insectes provenant des œufs pondus par les philloxéras ailés. »

Pour compléter cette observation, qui, en définitive, ne tendrait qu'à établir : qu'en été, *quelques rares* femelles de *philloxéra* auraient été reconnues déposer des œufs, et procéder ainsi à une des si nombreuses générations que peuvent produire les pucerons (dont les femelles en ont donné à M. Bonnet, jusqu'à neuf générations dans l'espace de trois mois), nous voulons bien reproduire ici un extrait de l'*Almanach de Bé-*

siers et de Narbonne, pour l'année 1871, attribué à MM. Lichtenstein et Planchon, sous la forme de *Conseils aux propriétaires viticulteurs*. Voici cet écrit :

« Nous engageons tous les agriculteurs, surtout ceux qui sont près des foyers du mal (occasionné à la vigne par le philloxéra), à observer les feuilles de leurs vignes, et s'ils en trouvent quelques-unes où il y ait de petites galles rouges ou jaunes, à la face inférieure des feuilles, à les faire cueillir et brûler de suite. Il ne faut pas confondre ces galles avec les boursouflures de l'*érimium*, maladie de la feuille, peu dangereuse, causée par un autre insecte. L'*érimium* forme sous la feuille un creux ou enfoncement feutré, et une verrue unie sur la surface supérieure ; le philloxéra, au contraire, forme sous les feuilles une bosse ou protubérance velue et rude au toucher, tandis qu'au-dessus la feuille est unie et ne présente au-dessus de la galle qu'une très-petite fente longitudinale par où s'échappent les petits philloxéra. »

De l'ensemble du rapport officiel de la commission instituée par le gouvernement, ainsi qu'on peut s'en convaincre, et de tout ce qui a été dit et publié de *sérieux* au point de vue de l'observation et de l'expérience, à l'égard de la *nouvelle maladie de la vigne, dite du philloxéra*, il en résulte évidemment que cette maladie a son *foyer principal et réel* dans le bas de la souche, sur *les racines*, dans le sol, là où se tiennent incontestablement les pucerons à l'état *aptère* ou *sans ailes*. Cette *manière d'être* du Philloxéra *habituellement*, et surtout dans son foyer souterrain, est fort contestable, parce que les *pucerons en général* ont des individus *ailés* et *non ailés*, qui pondent des œufs, étant ovipares, tout l'été, même quand les deux sexes sont pourvus d'ailes, vivipares à l'arrière-saison, n'ayant pas besoin d'accouplement, pendant une suite plus ou moins longue de générations, pendant lesquelles il ne naît que rarement des mâles ; parce que ces animaux se trouvant herbivores, de l'ordre des *hémiptères*, et de la section ou sous-ordre des *homoptères* (voir *Dictionnaire d'histoire naturelle* rédigé par une société de naturalistes, sous la direction de Guérin, t. VIII, p. 394), peuvent être, par analogie, assimilés au puceron dit *philloxéra*, que l'on a déclare *faire partie du même genre et du même sous-ordre* (voir Rapport de la commission instituée pour l'étude de la nouvelle maladie de la vigne, p. 3); et que, enfin, les pucerons dits philloxéra, tels qu'on les aurait observés réellement, séjournent, à l'état *aptères* ou *ailés*, dans la terre, attachés aux racines et radicelles de la plante de la vigne, ou sont disposés à s'y acheminer, dès qu'ils s'échappent, et en été, de la *galle verrugineuse* dont il a été parlé plus haut. D'où la conséquence encore que, dans cet état de choses, les effets du mal produit par ces insectes dévastateurs (se nourrissant du suc des racines et de la souche de vigne), doivent *nécessairement* se manifester à l'extérieur par des signes divers de dépérissement qui font présager la mort de toute la plante.

D'après cette appréciation, qui est la plus *vraisemblable* d'abord, et que la pratique et l'expérience nous enseignent, devoir devenir ensuite *vraie* et *évidente*, je pourrais, en toute confiance, passer à l'indication du mode de l'emploi et du moment de l'application du remède que j'offre aux propriétaires de vignobles, *pour prévenir, combattre et guérir les maladies connues de la vigne*, y compris la *nouvelle*, dite du *philloxéra*; car (ainsi qu'on l'a fort bien observé dans le Rapport de la commission instituée par le gouvernement), ce sont là les deux points de la plus *grande importance*.

Mais, auparavant, et comme mon procédé est très *efficace pour* détruire l'oïdium, il ne sera pas *intempestif* de le recommander contre cette maladie.

Cet ancien fléau de la vigne a reparu dernièrement sur bien des points à la fois, avec un redoublement d'intensité tel, que beaucoup de propriétaires, qui n'avaient pratiqué l'opération du premier *soufrage* que d'une manière très-sommaire, en comptant sur la disparution de cet ennemi que le soufre n'a jamais pu détruire, ont eu à déplorer leur imprudence et se sont hâtés de réparer le temps perdu en soufrant fort et ferme leurs vignobles. C'est ce que nous a appris le *Bulletin agricole et commercial*, dans le mois de juillet dernier, en ajoutant : « que le mal de cette affection de la vigne était signalé dans « l'Hérault, l'Aude, le Gard; et qu'il n'était pas seulement « circonscrit aux vignobles du midi de la France, car une dé- « pêche, adressée de Lisbonne au journal *le Siècle*, annon- « çait que l'*oïdium* régnait, l'an dernier, dans tout le Portu- « gal, et y faisait de grands ravages. »

On pourrait ajouter, à l'appui de la réapparition de la maladie de la vigne dite *oïdium*, que le *soufre* a toujours été, seul et tel qu'on l'a employé jusqu'ici, dans l'impuissance d'extirper, le passage suivant d'une appréciation d'un propriétaire viticulteur de l'Hérault (M. H. Simmonot), *sur l'état des vins de la récolte de* 1871, publiée dans l'*Union nationale* du 18 janvier 1872 :

« La plupart des vins de l'Hérault et des départements limitrophes ne sont pas dans de bonnes conditions de vente ; ils sont troublés, d'un aspect grisatre, sans chaleur déterminée, et d'un mauvais goût. . . . .

« Cette altération tient à plusieurs causes. D'abord, l'observateur sérieux a dû remarquer que la maladie a commencé dès la floraison ; cet acte important, qui décrit une phase partant depuis l'épanouissement des fleurs jusqu'à la naissance des fruits, s'est accomplie, l'année dernière, dans un état de langueur constante.

« L'*oïdium* et le *philloxéra,* les deux destructeurs de la vigne, m'ont paru la cause initiale de cette situation morbide, surtout le premier, que l'on connaît, que l'on néglige, et qui est loin d'avoir disparu de nos contrées. Ces deux agents toxiques ont paralysé les forces vitales de la vigne dans ses fonctions absorbantes des racines et des feuilles, et l'ont empêchée de résister aux influences atmosphériques qui sont survenues après.

« En effet, les chaleurs tropicales des mois de juillet et d'août ont augmenté cette action délétère, en desséchant les racines retardées déjà par l'*oïdium* dans l'acte de nutrition. Et ensuite, les pluies torrentielles arrivées au moment des vendanges ont mis le comble à cet état de choses, quoiqu'il reste à prouver si elles auraient produit un résultat aussi funeste sur des raisins parfaitement sains. »

Et si, à l'observation des prescriptions pour le *mode d'emploi* et le *moment de l'application* de notre procédé sur la vigne malade, il vient se joindre, dans la composition de ce remède, la présence de substances capables de tuer les pucerons ou philloxéras et les autres insectes qui attaquent cet arbuste, en détruisant les parasites animaux et végétaux qui l'infectent également, sans qu'elles aient le moindre danger pour la plante, et que ce *corps* puisse atteindre le foyer du mal qui est, pour moi, *sur les racines* des souches et *dans le sol* avant tout, il n'est point douteux que le but proposé sera atteint.

Voici donc de quelle manière l'inventeur de la *poudre contre les maladies connues de la vigne, et fertilisante,* entend et recommande que l'emploi en soit fait, si l'on veut que ce remède, susceptible de prévenir les maladies de la vigne, soit efficace à les combattre et à les guérir.

Manière d'employer le Remède.

1° En mars et au commencement d'avril, ou pendant les travaux de premiers labours et de *piochage* du sol de la vigne, mais toujours, autant que possible, avant sa végétation, il faut, après avoir déchaussé les souches jusqu'aux racines, de manière à bien mettre celles-ci à découvert (ce qui veut dire à une profondeur de 40 à 50 centimètres pour les terrains argileux et à fortes couches végétales, et à bien moins pour les terrains schisteux et siliceux, d'une couche végétale plus mince), projeter sur toutes les parties des racines et de la souche environ 40 à 50 grammes de la poudre *viticure* en question sur chaque pied, plutôt plus que moins, et proportionnellement à leur grandeur, en les recouvrant de leur terre après cette première opération. Celle-ci devra être suivie immédiatement d'un *saupoudrage* avec la *boîte* ou le *soufflet à soufrer,* sur toutes les parties extérieures des souches, et notamment dans les interstices et sur les *sinuosités* de la plante.

Nota. — Cette seconde opération de *saupoudrage* pourrait bien se retarder de quelques jours relativement à la première (sur les racines des souches), pourvu qu'elle eût lieu avant que la vigne ait été travaillée et fumée, afin surtout de mieux utiliser ladite poudre comme *engrais,* et toujours autant que possible, tant que celle-ci est dépouillée de ses feuilles, ou avant le mouvement de la sève et de la végétation.

2° Faire un nouveau *saupoudrage* sur toutes les parties

extérieures de l'*arbuste vinifère*, dès le développement des bourgeons, lequel doit être suivi, si besoin est, d'une troisième et pareille opération, au moment de la *fleur tombante*.

3° Enfin, si besoin est, c'est-à-dire si l'on suppose des plants de la vigne malades du *philloxéra* ou si l'on y voit des traces d'*oïdium*, maladie très-connue, on fera un quatrième et dernier *saupoudrage*, après que le raisin aura noué, ou au plus tard au commencement de sa véraison.

Par ce moyen de procéder, et quelles que fussent la nature et la cause de la maladie de la vigne, surtout si c'était l'*oïdium*, la *poudre* dont il s'agit la combattrait avantageusement et la détruirait.

Néanmoins, par rapport à sa propriété *fertilisante*, et au double point de vue de la *fumure* des vignes, de l'*influence* que les *minéraux alcalins* exercent contre leurs maladies, il serait plus avantageux de faire les deux premières opérations indiquées, d'abord sur toutes les souches de la vigne indistinctement, alors même qu'il y en eût qui parussent exemptes de maladie (ce qui n'est pas, dans l'espèce, toujours une preuve de bonne santé), en se livrant à cette double médicamentation, avant les premiers travaux de labour de la vigne, qu'on effectuerait immédiatement après, à la condition que ce fût avant le mouvement de la sève et avant la végétation. De la sorte, et avant de recouvrir de leur terre les souches déchaussées, on pourrait mettre au-dessus de la poudre projetée sur toutes les parties des racines, le fumier qu'on est dans l'habitude de répandre ordinairement sur le sol, mais seulement en *moindre quantité*, à cause de la substance *viticure*, puisqu'elle est, en outre, un excellent engrais. Après qu'on aurait comblé les vides faits autour des souches par leur *déchausselage*, on pourrait labourer ou bêcher le sol de la vigne, de manière à mélanger ainsi, avec la terre, toute la *matière* qui y serait tombée, et à bien la diviser avec la partie du fumier qu'on y aurait répandu.

Malgré les prescriptions qui précèdent et qu'il est, à tous points de vue, mieux d'observer, on peut, plus tard, et jusqu'aux vendanges, user du moyen en question avec quelque utilité. Il est bon d'observer que les *saupoudrages* extérieurs doivent s'effectuer plutôt dans la soirée que le matin, et toujours par un temps calme, avec le soufflet de préférence à la boîte ou sablier, au moins à partir des médicamentations qui se feront lorsque la vigne est parée de ses feuilles et de ses pampres.

Le mode de l'emploi du *procédé* qui nous occupe (pour combattre avantageusement les maladies conn es de la vigne et donner, en outre, à celle-ci, une action *fertilisante*, en la rendant productive, sans épuisement et avec économie d'une partie de fumier qu'on y dépense ordinairement), ayant été indiqué, la *vraisemblance* de l'efficacité de ce remède étant suffisamment établie, du moins pour les propriétaires *pratiques* tant soit peu au courant de la chimie appliquée à l'agriculture, et des usages *thérapeutiques et industriels* des substances qui le composent; il importe d'entrer dans le domaine des *effets* et des *résultats* déjà produits et obtenus par des expérimentations qui en ont été faites.

Le soussigné d'une part, et plusieurs personnes ensuite, ont essayé, pendant diverses années consécutives, cette *poudre* sur des plants de vigne et sur des ceps en *treillage* qui étaient atteints d'*oïdium*. Il en résulta, après plusieurs *saupoudrages* opérés même tantôt après le développement des bourgeons, tantôt *à la fleur tombante*, tantôt à la *véraison des raisins*, que la maladie disparut.

Mais ce que le soussigné a également observé et expérimenté, le voici :

Il avait plusieurs plants de vigne en *treillage*, dans un jardin contigu à la maison qu'il habite à St-Pons, malades, ayant les feuilles *jaunes-brunâtres, un émoussement prématuré du bourgeon terminal, un arrêt complet dans l'allongement des sarments, la dimension des feuilles très-exiguë*, en un mot, *un dépérissement sur toutes les feuilles*. Il les médicamenta avec son procédé, en projetant un peu de sa *poudre* sur les racines mises à nu, et puis recouvertes de leur terre, et en faisant après un *saupoudrage* sur toutes les parties de la plante extérieurement, et ce pendant sa végétation, alors qu'il est bien plus à propos, au point de vue de la maladie du *philloxéra*, de faire, ainsi que cela a été déjà observé, pendant que la vigne est dans sa nudité et déparée de ses feuilles. Néanmoins, ces opérations ne sont jamais inutiles et ont en outre pour effet de détruire les autres insectes nuisibles à la vigne, tels que la pyrale, l'altise, le gribouris, etc., et de fertiliser le sol et la plante.

Au bout de peu de jours, ces *treillages* acquirent une vigueur et une force qui ne laissaient rien à désirer. Ces mêmes plants de vigne, l'année suivante, furent traités *préventivement* par une nouvelle projection de la *poudre viticure* sur leurs racines mises à nu, et avant l'arrivée de la végétation. Cette opération fut suivie d'un premier *saupoudrage* à l'extérieur, et de plusieurs autres aux époques sus-indiquées. Les raisins furent magnifiques, et les plantes sans aucune espèce de symptôme de maladie quelconque.

Le soussigné se permettra de citer et rappeler ici les résultats suivants obtenus à l'aide de son procédé en 1871, avec prière de bien méditer celui de M. Charles Azaïs, dont l'attestation ci-après a été publiée dans le journal *la Revue de St-Pons*, en date du 30 juillet 1871, et reproduite dans d'autres journaux du département :

« Je soussigné, Charles Azaïs, propriétaire, demeurant à St-Pons, chef-lieu d'arrondissement, département de l'Hérault, certifie et atteste ce qui suit :

« Dans un enclos situé à St-Pons, je possède une petite vigne qui a pris sa seconde feuille cette année, et dont le plant varié est sorti du domaine de *Cousserques*, près Montblanc, arrondissement de Béziers (Hérault).

« Au commencement de mai dernier, je remarquai que cinq de ses pieds ou souches, alors que les premières feuilles étaient arrivées à peu près à la moitié de leur croissance, avaient le *dessus* recouvert d'un enduit luisant, gras et visqueux sur toute leur superficie. Cet enduit luisant donnait à la feuille une couleur *brune-noirâtre*. Le dessous, au contraire, avait une couche *duveteuse rouge*, *lie-de-vin*; le tout combiné rendait ces feuilles d'une épaisseur double ou triple de ce qu'elles sont naturellement, et leur poids les faisant tomber le long des ceps, donnait à la souche un aspect triste et maladif.

« Je médicamentai ces cinq plants de vigne avec la poudre *viticure et fertilisante* de M. Justin de Bonne, en en injectant sur leurs racines, que je déchaussai à cet effet, et recouvris ensuite de leur terre, et en *saupoudrant* toute la plante.

« Au bout de quinze jours après cette opération, les feuilles malades reprirent en dessus leur couleur naturelle, en conservant au-*dessous* le duvet dont il a été parlé, lequel duvet avait perdu sa couleur de *lie-de-vin*, et était devenu *blanc-argentin*, aspect qu'elles ont conservé jusqu'à ce jour.

« Mais dès le moment de cette transformation, les cinq

plants de vigne malade ont repris leur végétation. Les souches ont perdu leur aspect maladif, à tel point qu'on ne peut plus les distinguer de celles qui n'ont pas été malades. Une seule projection de la poudre *viticure* et *fertilisante* de M. Justin de Bonne sur les racines et sur tout l'extérieur, a suffi pour opérer cette guérison. »

« Le présent a été délivré pour valoir ce que de droit.

« Fait à St-Pons, le 18 juin 1871.

Signé : CHARLES AZAÏS.

« Pour copie conforme à l'original,

Signé : JUSTIN DE BONNE. »

Quelle était cette maladie ?

Voilà ce que M. Azaïs ne dit point, en se bornant à la description de l'état des cinq souches de vigne malades, qu'il a guéries, comme il dit fort bien, et ce que plusieurs personnes qui ont vu ces plants avant et après leur médicamentation, pourraient confirmer, s'il en était besoin.

Il faut le dire, si l'on ne s'était pas tant empressé de propager, dans des publications périodiques, tant de raisonnements creux et subtils à propos du *philloxéra* ; si l'on n'avait pas tant sonné le tocsin pour annoncer l'apparition de cet insecte dévastateur de la vigne dans telles ou telles contrées seulement, en entourant cette propagande de *certaines garanties scientifiques apparentes*, quoique non réelles ou erronées au fond (ainsi qu'on peut s'en être convaincu plus tard et journellement encore, par tant de remèdes déclarés *infaillibles*), il est à présumer que M. Azaïs aurait apporté un œil spécialement scrutateur sur ces cinq plants ou souches malades, et y aurait probablement découvert la véritable cause, c'est-à-dire, celle du *puceron des racines*.

Malheureusement *l'observation et l'expérience,* qui devraient n'avoir jamais cessé d'être la *base du savoir humain,* sont souvent entravées dans leur manifestation.

C'est précisément à cause de tant d'invraisemblances, de tant de contradictions et de toutes ces affirmations si hasardées sur les *mœurs,* la *nature,* les *transformations,* la *propagation,* etc. du *philloxéra,* que le soussigné, aujourd'hui surtout que la *science,* la *pratique* et l'*observation* ont un peu mieux parlé, se sent autorisé à croire et à dire : *que ces cinq souches de vigne de M. Charles Azaïs devaient être atteintes de la maladie du puceron, ou, tout au moins, d'un mal qui les aurait tuées, si ce dernier n'y eût porté remède.*

Pour s'assurer de l'*insecticidité* de la poudre *viticure* et *fertilisante,* l'inventeur a opéré, entre autres, et à plusieurs reprises, sur des papillons de jardin, qu'il prenait en vie, et lançait contre les vitres d'une croisée sur la saillie de laquelle se trouvaient deux petits corbillons remplis de la matière dont s'agit.

Ces papillons, en voltigeant sur ces carreaux au bas desquels se trouvait ledit *mélange,* étaient *asphyxiés* et tombaient morts à terre dans 24 heures au plus tard, et dans bien moins de temps, suivant que la chaleur atmosphérique était plus ou moins intense; et ce, par le seul fait des émanations qui s'échappaient de cette *poudre contre les maladies de la vigne.*

L'*atonie* et la mort qui se produisaient sur ces papillons, survenaient dans bien moins de temps encore, et au bout de quelques heures si, un jour de forte chaleur, au mois d'août par exemple, et pendant que ces papillons voltigeaient sur les vitres, on leur jetait dessus un peu de cette poudre.

Cette expérience, que le soussigné a faite et réitérée plusieurs fois pendant l'été de 1871, sur plus de cent de ces papillons de couleur blanche, avec quelques taches noires parfois sur les ailes, a toujours réussi, et pas un de ces insectes n'a résisté à l'action de son procédé.

Par l'affirmation de l'efficacité de ce *procédé* contre les maladies de la vigne, et la certitude de sa *supériorité*, à tous égards, sur ceux qu'on indique *avoir trouvés* (et dont le *danger pour la plante* et l'*impraticabilité* dans *leur emploi* sont le plus souvent le seul mérite), on n'a point voulu, pour cela, refuser toute espèce d'avantage au *soufre*, dont l'usage, jusqu'ici, contre l'*oïdium*, a été d'un grand secours pour tous ceux qui ont soufré *fort et ferme*, sans se ralentir, et qui n'ont pas considéré cette substance comme *curative*.

Il y a assurément, comme on l'a dit dans le rapport de la commission instituée par le gouvernement pour l'*étude de la nouvelle maladie de la vigne*, « beaucoup de substances capables de tuer les pucerons ou les *philloxéras*. Mais, pour produire de bons effets, il faut qu'elles soient sans danger pour la plante, et qu'elles puissent pénétrer assez facilement dans le sol pour atteindre ces insectes. »

Voilà précisément *ce danger pour la plante* qu'il y aurait fort à redouter avec certaines substances dont on a parlé comme remèdes *infaillibles* pour la guérison de la maladie dite du *philloxéra*, et surtout d'après leur mode d'emploi ; car il ne faudrait point perdre de vue que dans toutes les plantes, qui sont des *corps organisés*, il y a, par exemple, la sève *ascendante* et la sève *descendante*, dont il importe de ne pas entraver ni arrêter la circulation, si on ne veut provoquer la mort du végétal que l'on doit, en le médicamentant, avoir l'intention de débarrasser de l'affection morbide qu'on lui suppose.

Le *badigeonnage* de la tige des plants de vigne avec du *coaltar*, du *goudron de Norwége*, et autres matières qu'on a fort préconisées comme *efficaces* pour tuer le *philloxéra*, pourrait bien avoir pour effet, en bouchant, par de forts enduits ou couches sur les souches de vigne, les pores respiratoires du végétal, d'amener ainsi un résultat tout opposé à celui qu'on s'était proposé d'atteindre. Il faut d'autant plus faire attention au danger que *des substances capables de tuer* les pucerons ou les philloxéras pourraient présenter pour la plante, surtout dans leur *mode d'emploi*, que personne n'ignore, ainsi que cela est acquis dans la *science expérimentale*, *que la sève, d'où dépend la vie de l'arbre, descend, avant l'évolution des feuilles, tandis qu'une substance nouvelle s'élève de la partie inférieure, et qu'il y a deux principes dans un arbre : l'un ascendant ou foliacé, l'autre descendant ou principe radical.*

Il est hors de doute qu'on doit à la puissance très-active de la séve qui circule sans cesse dans les cylindres *vasculaires* ou *tubes spiraux* des végétaux, l'explosion des bourgeons, l'apparition des feuilles, l'épanouissement des fleurs, la maturité des fruits, et généralement tout ce qui leur est nécessaire pour les nourrir, les accroître, les développer et les entretenir dans leurs diverses parties, durant toutes les phases qu'ils sont appelés à parcourir.

Nonobstant ce vice capital qui vient d'être signalé, dans l'emploi, entre autres substances, du *goudron de Norwége*, on a voulu attribuer à celui-ci, en le déclarant *moyen infaillible* pour la guérison de la dernière maladie de la vigne, la propriété (à l'aide d'*une forte couche enduite avec un pinceau sur toute la souche de vigne*) l'effet suivant : celui d'empêcher les jeunes *philloxéras* éclos des œufs que la femelle aurait déposés sur les feuilles de quelques ceps, et avant la chute des feuilles, de descendre aux racines de la plante ;

et de faire, qu'à cause de la matière *gluante et huileuse* de cette matière, ils ne pussent passer en suivant les fissures que forme l'écorce, et s'y trouvassent pris et *asphyxiés*.

Mais tout en avouant que le *philloxéra* a son *foyer habituel sur les racines de la vigne et dans le sol*, on a oublié que le rapport officiel de la commission instituée *pour l'étude de la nouvelle maladie de la vigne* ne parle que *de quelques ceps, excessivement rares, sur lesquels, pendant l'été, on aurait observé des feuilles qui étaient couvertes de galles, d'une forme particulière, formant des vides remplis de pucerons aptères qui ressemblaient beaucoup à ceux qu'on trouve sur les racines*. On a oublié également les passages suivants de ce rapport que je me vois aussi forcé de reproduire, et que voici :

« Le *philloxéra* mâle, qu'on cherche depuis longtemps, n'a encore été trouvé ni à l'état *aptère* ni à l'état ailé.

« Voici quelles sont les principales phases de la vie des philloxéras : ils hivernent sur les racines de la vigne à l'état d'insectes *aptères, jamais à l'état d'œufs*. Tant que la température est rigoureuse, ils restent plongés dans un état complet d'engourdissement ; mais dès que la chaleur commence à faire sentir son influence, tous les individus épargnés par les froids et par les humidités de l'hiver reprennent une vie nouvelle ; ils se nourrissent avec abondance et se mettent immédiatement à pondre des œufs. Leur multiplication devient bientôt effrayante et ne s'arrête que dans le courant d'octobre.

« Le philloxéra à l'état *aptère* est essentiellement voué à la vie souterraine ; il chemine probablement sur les racines de la vigne, en suivant les nombreuses fissures qu'on trouve à leur surface. Mais ils ne restent pas toujours dans cet état.

Pendant la saison chaude, on voit, de loin en loin, quelques *rares individus* présentant sur *leur corselet* de petits *appendices destinés à devenir des ailes*. Les insectes ainsi conformés sont de véritables nymphes qui ne tardent pas à se dépouiller de leur enveloppe, et de se transformer en *insectes parfaits* possédant des ailes et des yeux bien caractérisés. »

Malgré ce qui vient d'être dit à propos du *philloxéra mâle* (et qu'on n'avait encore trouvé ni à l'état *aptère* ni à l'état *ailé*, on sait que MM. Planchon et Lichtenstein prétendent l'avoir trouvé, vers le mois de juillet 1871. Inutile de revenir là-dessus. Seulement, d'après ce fait, par ce qui vient d'être rapporté comme *extrait du rapport de la commission instituée pour l'étude de la nouvelle maladie de la vigne, dite du philloxéra*, et de son ensemble *indivisément*, afin d'éviter l'écueil du contraste et de la contradiction, qu'il soit, une fois pour toutes, reconnu ce qu'il en résulte *réellement* et *textuellement* même, et que voici : « A l'*état aptère* et à l'*état ailé*, dans les deux formes différentes sous lesquelles les *philloxéras* auraient été reconnus exister, ces insectes *ne pondent jamais que des œufs*. »

Il ne doit donc plus être possible de poser comme *règle et chose jugée que cet insecte* (qui se tient cependant et que tout appelle sur les racines de la vigne, lors même qu'*il n'y fût jamais que non ailé*) *ne peut s'y propager*, et *qu'il ne faut donc pas l'y attaquer quoique ce soit là où précisément* on a déclaré *qu'il avait son foyer habituel* et *anéantissait les racines*.

Ce serait à ne plus en finir si on voulait faire voir que dans tous les écrits, dans toutes les publications, on a toujours reconnu, explicitement ou implicitement, *la présence du philloxéra sur les racines des souches de vigne*, et que c'est de là qu'est venu à cette maladie le nom de *pourri des racines.*

M. Gaston Bazille, entre autres (voir *Messager du Midi* du 4 juin 1869), dans une de ses lettres, disait ce qui suit :

« La vigne est atteinte d'une maladie *parasite* causée par la présence sur les racines d'innombrables insectes. »

De tout ce qui vient d'être dit, en résulte-t-il autre chose, si ce n'est que le *puceron* ou *philloxéra, pour être détruit, doit être attaqué sur les racines de la souche de vigne ou dans le sol?*

Si on a réellement vu *quelques rares ceps dont les feuilles renfermaient des nids à pucerons,* ce ne pouvait être en quelque sorte qu'*accidentel,* d'après même les termes de la relation des observations qui en auraient été faites *dans la vallee du Rhin, et plus encore dans le Bordelais,* ainsi qu'on le voit dans le rapport de la commission instituée par le gouvernement pour l'étude de la *nouvelle maladie de la vigne.*

Il serait en outre acquis dans la science de l'histoire naturelle du moment : « *que les petits philloxéras, dès leur éclosion dans la verrue galleuse des feuilles de vigne où des œufs auraient été déposés, s'acheminent toujours vers les racines de la souche et vers le sous-sol.* »

On aurait pu comprendre que le désir de trouver un *moyen* contre la dévastation des vignes par le *philloxéra* eût pu faire faire quelquefois fausse route et donner lieu à des contradictions à propos de *cette nouvelle maladie,* aux personnes qui s'en sont sérieusement occupées et qui avaient qualité et autorité pour cela ; mais ce qu'on ne comprend pas, c'est que des hommes de la science, après tout ce qu'ils avaient écrit et publié, n'aient pas un peu plus réfléchi avant de laisser vanter, sous leur patronage, certaines substances déclarées *moyens infaillibles* pour la guérison de la maladie dite du *philloxéra,* en permettant ainsi qu'on jetât, et par avance, la défiance et l'hésitation sur les *procédés vraisemblablement, rationnellement* et *scientifiquement* aptes à la combattre et à la faire disparaître.

Relativement au goudron de Norwége, dont, à sigrand bruit et comme *dernière étreinte*, en quelque sorte, de toute cette pâture nauséabonde qui a été jetée dans le public, on en a fait un *moyen* qui, à part la *certitude toujours de nuire à la plante*, aurait pour effet d'arrêter le jeune philloxéra dans sa marche vers les racines de la vigne, et de le tuer en l'*asphyxiant* sur la forte couche de cette matière *gluante* et *poisseuse*, comment ériger en principe une exception d'abord déclarée si rare !

Mais dans l'indication de l'*emploi* d'un pareil remède *empirique*, et, comme on dit vulgairement, *pire que le mal*, pourquoi a-t-on oublié encore, ainsi que la science naturelle l'enseigne : qu'*il est toujours dans les mœurs et les habitudes des insectes* de la section desquels le philloxéra ferait particulièrement partie, de *se diriger*, dès leur naissance dans les *galles verrugueuses* des feuilles de la vigne, *vers les racines de celle-ci et le sol de la souche*, là où se trouve leur séjour habituel et leur foyer ? Pourquoi, avant de laisser préconiser un pareil moyen pour détruire le *philloxéra* qui, dans ses nombreuses générations, en aurait produit, vers la fin de l'été, une seulement sur quelques *très-rares ceps*, a-t-on également oublié que les pucerons dont il s'agit, *peuvent toujours parvenir à gagner ce foyer*, soit en glissant sur l'*enduit goudronneux* qu'on avait voulu leur opposer, soit à l'aide des vents et de la proximité de leur nid, quant au sol ?

Et, en définitive, quoi qu'il pût en être de cet insecte, qu'à force de raisonnements, de suppositions, et quelquefois de complaisances *pour le besoin de la cause*, on l'a rendu bien plus *mystérieux* qu'il n'est réellement ; car d'après ses mœurs reconnues, comme par l'*observation* et les *analogies*, il resterait toujours plus *vraisemblable*, plus *rationnel* et plus *scientifique* même de l'attaquer sur les racines des souches de vigne et dans le sol, ainsi qu'il est ci-dessus prescrit, en quelque état qu'il fût ou pût être, *aptère*, *larve*, *avec ailes*, *mâle* ou *femelle*, peu importe.

Le *mode d'emploi du procédé* dont il s'agit, d'après le système de son auteur, a d'autant plus sa raison d'être, que le *philloxéra*, dans toutes ses formes, possède le pouvoir de dévaster la vigne avec sa trompe ou suçoir, en enlevant le suc des racines dont il se nourrit, et au moyen de sa procréation d'innombrables individus qui ne feraient que perpétuer leur œuvre de dévastation, si on ne les combattait de manière à les détruire. Or, à ces fins, il semble assez rationnel de poursuivre cet insecte dévastateur, d'abord dans son *foyer* le plus habituel et là où *inévitablement* il doit le plus se multiplier, sauf ensuite à le faire à l'extérieur et sur toute la plante de vigne, pour les individus qui pourraient se trouver sur des feuilles de quelques ceps, *quoique excessivement rares*, où les vents auraient pu les apporter, et qui s'y seraient propagés de la manière dont on dit l'*avoir observé dans la vallée du Rhin*, et plus encore *dans le Bordelais*.

Une citation encore tirée des *Notes sur la maladie des vignes, dite du philloxéra, dans le territoire de la commune de Graveson* (département des Bouches-du-Rhône), publiées par M. Louis Faucon, propriétaire-cultivateur, pourra être de quelque utilité relativement à la profondeur du *sous-sol* dont on a tant parlé, comme la *plus grande des difficultés pour atteindre le philloxéra*. Elle ne contribuera pas moins à démontrer toutes les divagations auxquelles on s'est livré sur cette matière, tout en corroborant le *mode d'emploi* et le *moment le plus essentiel* pour la médicamentation de la vigne à l'aide du procédé dont il s'agit ici.

Voici ce qui est dit dans cet opuscule imprimé en 1871 :

« Nous avons éprouvé, cet hiver, un froid excessif et très-prolongé. Après le dégel, on ne trouvait plus de pucerons sur les racines des vignes. Avaient-ils fui devant le froid, et en avaient-ils évité les atteintes en se réfugiant dans le sous-sol ? C'est possible ; nous l'avons tous cru. Mais voici une particularité qui est bien faite pour dérouter nos observations et renverser nos théories.

« Dès que la couche arable de nos terres commença à se trouver sous l'inflence des premières chaleurs printanières, l'insecte reparut dans toutes nos vignes. C'était prévu, dira-t-on. Mais ce qui ne l'était pas, c'est que sur nos coteaux, où nous avons des vignes plantées dans un terrain qui n'a quelquefois que 25 à 40 centimètres de profondeur, avec la roche vive au-dessous, terrain évidemment léger, caillouteux, et que le froid avait gelé dans toute son épaisseur (ainsi qu'il a été facile de le constater sur le versant sud de la *Montagnette*, où, pendant le froid le plus intense, des excavations ayant été faites pour l'établissement des barraques du camp de Graveson, bien des souches ont été arrachées pour faire ces travaux), leurs racines, examinées avec le plus grand soin, n'avaient plus aucun puceron. Je l'ai constaté vingt fois en vingt situations différentes. Eh bien ! dans ces vignes où tout le terrain a été gelé, tout absolument ; où, sous ce terrain, il n'y a qu'une roche vive qui ne peut être attaquée que par la mine ; où, pendant tout le temps qu'a duré le froid, il n'a pas été possible de voir un seul puceron, lorsque le dégel a été opéré, que la terre a été bien ressuyée et à peine pénétrée par les premiers souffles d'un air tiède, *les insectes n'ont pas tardé* à reparaître. Comment et d'où sont-ils venus? Explique le fait qui pourra. »

Si on poussait même les investigations dans la *masse* des moyens qu'on annonce encore tous les jours *pour la guérison de la nouvelle maladie de la vigne*, assurément, dans tout, on remarquerait la pensée des auteurs de ces *trouvailles*, qui est celle : que l'*insecte dévastateur*, ou *philloxéra*, *réside habituellement* sur *les racines des souches de vigne et dans le sol*. Et si, en particulier, on se référait au *moyen* suivant, annoncé par l'*Union nationale* de Montpellier, en date du 28 novembre 1871, il en résulterait bien évidemment que cet insecte *a son véritable foyer sur les racines de la vigne et dans le sol*. Mais voici ce qui est dit dans ce journal :

« Nous recueillons avec empressement tous les remèdes contre le philloxéra.

« Un viticulteur du Midi a remarqué que cet insecte n'a dévasté que les vignes dont le sol est remué par la bêche ou la charrue ; et que tous les ceps au pied desquels le sol est dur et n'a point été remué, sont restés intacts, même à côté des ceps attaqués. »

Il en conclut « qu'il faut s'abstenir de labourer les vignes, et qu'il convient d'affermir le sol près des ceps, soit en piétinant, soit en le foulant avec des pilons. »

Ne citant ce remède que sous le point de vue d'un fait, nous n'avons pas autre chose à en dire.

Le même M. Louis Faucon, dans son *moyen de submersion*, dont il dit s'être bien trouvé, avec le concours d'*engrais alcalins*, qu'il considère comme *le plus puissant auxiliaire de son traitement*, a bien, par ce fait, considéré et établi *que le lieu le plus favorable pour atteindre le philloxéra était dans le sol, puisqu'en outre* du fumier qu'il employait, il inondait ce sol *très-consécutivement* pendant une durée moyenne de trente jours, afin de pouvoir obtenir une efficacité sur cet insecte qui, dit-il, *n'étant qu'engourdi par une immersion incomplète et pas assez prolongée, revenait vite à la vie dès que l'eau manquait.*

Ce propriétaire viticulteur (voir ses notes sur la maladie des vignes, dite du *philloxéra*) prétend « qu'il y a beaucoup de *foyers ignorés* de la maladie de ce puceron ; que le *jaunissement* des feuilles n'est pas toujours une preuve certaine de la maladie *philloxérique ;* car, non-seulement ce jaunissement est dû quelquefois à d'autres causes, d'après lui, mais encore il arrive très-souvent, que les souches, atteintes mortellement du terrible mal, *conservent une coloration verte* sur leur feuillage.» Mais il ajoute « que *les signes les plus caractéristiques* de la maladie sont l'*émoussement prématuré du bourgeon terminal, un arrêt complet dans l'allongement des sarments et la dimension exiguë des feuilles.* »

Tout cela encore ne fait que confirmer le *mode d'emploi* du procédé apte à combattre la dernière maladie de la vigne, tel qu'il a été prescrit ci-dessus, en attaquant l'insecte *dévastateur* au moment le plus favorable.

On voit que dans le cas où le mal n'aurait pas été complétement conjuré par les premières projections de la *poudre viticure et fertilisante*, on devrait en poursuivre l'anéantissement, à l'aide des *saupoudrages* indiqués, et suivant qu'il en serait besoin, tant à propos de la dernière maladie de la vigne dite du *philloxéra*, que par rapport à ses autres maladies, y comprise celle dite *oïdium*, contre laquelle la poudre dont il s'agit est et doit être un *curatif* et non un *palliatif*, comme est le soufre, qu'on emploie jusqu'ici. Le propriétaire viticulteur doit, dans toute occasion, être à même de juger de leur nécessité, quoiqu'il puisse se faire, (comme cela s'est produit dans des vignes atteintes par le philloxéra, arrivées dans un état de dépérissement très-avancé, avec une diminution extraordinaire et progressive de récolte), qu'*il n'y eût, à l'extérieur de la plante, aucun signe apparent de dépérissement et de maladie.*

Voilà encore une raison de plus, tant pour opérer sur toute une parcelle de vigne (alors même qu'*il n'y a que quelques souches avec des symptômes et des signes extérieurs* des plus caractéristiques de la maladie), que pour en poursuivre la médicamentation dans le cours de l'année agricole, en ayant soin, si on ne l'avait fait avant la végétation de la plante, de projeter de la poudre *viticure* et *fertilisante* sur les racines, et comme le fit, au commencement de mai 1871, M. Charles Azaïs, dont on a vu plus haut la déclaration.

Il ne faudrait donc pas qu'on s'imaginât (de ce que dans la vallée du Rhin, et plus encore dans le Bordelais, on aurait observé, *pendant l'été, quelques ceps, quoique excessivement rares, dont les feuilles portaient des saillies verruqueuses, ou nids remplis de jeunes pucerons aptères*), que les insectes dévastateurs de la vigne, *pour être plus facilement* détruits, dussent être attaqués seulement pendant ce moment de leur existence aérienne. La raison qui en a été donnée n'a pas besoin d'être répétée.

S'il était vrai, comme on l'a prétendu, que l'insecte dit *philloxéra est très-difficile à atteindre pendant sa vie souterraine* (laquelle, cependant, est reconnue être sa *plus habituelle*, et là où cet insecte produit les *graves désordres* qui constituent cette maladie de la vigne, en suçant avec sa trompe le suc des racines et s'en nourrissant exclusivement, à ce qu'il paraît, puisqu'on n'a pas même constaté de pareils effets aux feuilles des ceps sur lesquelles on aurait observé des galles ou saillies verrugueuses), il n'en résulterait pas assurément, et quoi qu'il en fût, le moindre motif pour ne pas poursuivre le mal dans son véritable *foyer* et à sa source avant tout.

L'origine de cette maladie vient nécessairement du sol sur lequel reposent les racines de la vigne, de la décomposition, du *pourri* et de l'*atrophie* de ces dernières, dont les altérations finissent par se manifester à l'extérieur des souches, sur les ceps, sur les feuilles et sur les pampres, par des symptômes divers.

Peu m'importe, à moi, qui ne suis pas *entomologiste*, et qui n'ai d'autre prétention que celle d'avoir observé, expérimenté et puisé dans ce que la science a fourni de *vraisemblable*, au milieu de tant de raisonnements et de contradictions à propos de cette nouvelle maladie de la vigne, sur la *nature*, les *mœurs*, les *métamorphoses* et la *propagation* du *philloxéra vastatrix*; peu m'importe que l'on ait pu dire, penser et croire même, *que la femelle seule de cet insecte était toujours ailée; qu'il n'y avait d'aptère ou sans ailes que celui qui était voué à la vie souterraine; que les philloxéra ailés qu'on avait vus, étaient tous des femelles pondant des œufs et donnant ainsi naissance à des pucerons aptères seulement; que le philloxéra mâle, qu'on cherchait depuis longtemps, n'avait été encore trouvé ni à l'état aptère ni à l'état ailé*, etc. Tout cela ne détruit rien de ma conviction, de mon système, que tout, au surplus, confirme sans en excepter surtout l'ensemble du Rapport de la commission instituée par le gouvernement, pour l'étude de la nouvelle maladie de la vigne.

En m'emparant, d'une part, de ce que l'*ensemble* de

ce rapport m'a apporté pour corroborer mon opinion, et, d'autre part, à l'aide de ce que j'ai puisé chez des autorités de la *science* pour faire concorder le tout avec l'observation, l'expérience, les *rapports analogiques*, et l'étude, au point de vue pratique surtout, je soutiendrai, de plus fort, que le *moment et le lieu où il est le plus important d'attaquer* le puceron appelé *philloxéra vastatrix*, sont ceux que j'ai indiqués et très-expressément recommandés.

Mais, cependant, pour faire reste de raison à la critique que la jalousie et l'amour-propre, indépendamment de la mode, ne manquent jamais de susciter, qu'il me soit permis de rappeler quelques particularités sur les mœurs de la *cigale*, puisqu'on nous a déclaré *officiellement*, dans le Rapport prémentionné, « que cet insecte, avec la cochenille et les *pucerons en général*, étaient les représentants les plus connus de l'*ordre* des *hémiptères*, et plus particulièment du *sous-ordre* des *homoptères*, auquel appartient le genre *philloxéra*, insecte qui dévaste les vignes. »

Et d'abord, il est bon de ne pas oublier que dans ce rapport officiel il est dit : « Ces insectes, ou *philoxéra*, hivernent sur les racines de la vigne, à l'état d'insectes *aptères*, jamais à l'*état d'œufs* ; et tant que la température est rigoureuse, ils restent plongés dans un état complet d'engourdissement ; mais dès que la chaleur commence à faire sentir son influence, *tous les individus épargnés par les froids* et les humidités de l'hiver reprennent une vie nouvelle, se nourrissent avec abondance et se mettent immédiatement à *pondre des œufs*, leur multiplication devenant bientôt effrayante et ne s'arrêtant plus que dans le courant du mois d'octobre. »

Cette dernière circonstance mérite d'être rapprochée de cette autre, également consignée dans le même rapport, à savoir :

« que tous les philloxéras *ailés* qu'on a vus pondant des œufs, et donnant ainsi naissance à des pucerons aptères, étaient des *femelles*, quoique le nombre de ceux qu'on avait pu observer jusqu'à ce jour ne fût nullement en rapport avec les myriades de pucerons sans ailes qu'on voyait partout sur les racines des vignes malades. »

Comme il importe de ne laisser aucun doute sur ce que, de l'*ensemble* dudit *rapport officiel de la commission instituée par le gouvernement pour l'étude ne la nouvelle maladie de la vigne*, il en résulte : que le philloxéra, sous les deux formes *aptère* et avec *ailes*, qu'on lui attribue, *pondent des œufs* et se multiplient de la sorte d'une manière prodigieuse, force m'est de rapporter ici le passage suivant (voir page 3 de ce rapport mis en brochure) :

« D'après les études faites dans ces derniers temps, les philloxéra vivent sous deux formes différentes : à l'état *aptère* et à l'état *ailé ;* ils ne sont jamais *vivipares ;* en *toute saison*, et sous les deux formes qu'ils affectent, *ils ne pondent jamais que des œufs*. . . »

Et si, à côté de ce qui vient d'être rapporté, on ajoute, comme extrait d'ouvrages d'histoire naturelle (tels que le Dictionnaire d'histoire naturelle rédigé par une société de savants naturalistes, sous la direction de M. Guérin, et le Cabinet du Jeune-Naturaliste, par Thomas Smith), ce qui va suivre, on y verra des *analogies* avec le *philloxéra*, à l'appui de mon système. Voici ce qu'on trouve dans ces ouvrages, sur la *cigale* femelle, par exemple, l'un des trois insectes qui, ainsi que je l'ai déjà dit, serait, d'après le rapport officiel précité, *un des représentants lés plus connus* du *sous-ordre* des *homoptères*, auquel appartiennent le *philloxéra :*

« La *cigale*, avec l'épée à deux tranchants dont sa queue est armée, perce, vers la fin de l'automne, la terre, ou de petites branches de *bois-mort*, pour déposer, dans les trous qu'elle y a faits, ses œufs, qui donnent naissance généralement vers le commencement de mai, à des *larves* environ de la grosseur d'une puce, toute la ponte s'étant conservée sans éprouver aucune altération, ni par la rigueur de l'hiver ni par le retard du printemps. Ces larves vivent en en terre, aux dépens des racines des arbres qu'elles piquent. Il paraît qu'on ignore encore combien de temps cet insecte doit rester à l'état de larve ; si une saison suffit pour tout son accroissement, ou si plusieurs années y sont nécessaires. »

Il importerait donc peu que l'on ignorât encore à quel moment ces jeunes cigales, en état de larves, quittent les branches de bois mort dans lesquelles parfois leurs mères avaient déposé leurs œufs, pour se rendre aux racines, puisque, à l'état *aptère* ou de *chenille*, cet insecte, comme le *philloxéra*, est voué à la vie souterraine; et que l'un et l'autre hivernent toujours et résident habituellement sur les racines.

Ces documents sur la *cigale* émanent d'une source assez élevée dans la science de l'histoire naturelle pour croire à leur exactitude, laquelle se trouve d'ailleurs justifiée par l'observation et la pratique.

Au milieu de tant d'hypothèses et de tant de contradictions qui se sont produites dans l'histoire du philloxéra, il me sera bien permis, par voie d'*analogie*, de faire à l'insecte dévastateur de la vigne, tout au moins, l'application de sa *similitude* avec l'insecte dont il vient d'être question et ce, au point de vue du lieu habituel de la *propagation*.

Il me paraît inutile d'insister davantage sur ce point et de faire connaître les *analogies* de ce *genre* qui existent également entre le *philloxéra*, la *cochenille* et les *pucerons en général*, mon système étant déjà beaucoup trop justifié pour en avoir besoin.

Mais, dans le fait, de ce qu'on aurait obsərvé *pendant l'été, dans la vallée du Rhône, et plus encore dans le Bordelais, quelques ceps excessivement rares dont les feuilles portaient des galles à nids de philloxéra ou pucerons aptères, ressemblant beaucoup à ceux qu'on trouve sur les racines, avec une fente au-dessous de la feuille pour laisser échapper ses produits ovipares*, y a-t-il *contrariété* précisément avec le système que j'ai établi et que je soutiens devoir être le *plus exact* jusqu'à ce jour; et être celui qui a dû m'imposer le *mode d'emploi* et le *moment de l'application de mon procédé* contre la dernière maladie de la vigne dite du *philloxéra?* Assurément non.

Achevons donc notre tâche en établissant qu'à tous les points de vue, et comparativement surtout au *soufre*, qu'on a employé jusqu'ici avec un avantage *relatif* contre l'oïdium, il y aurait économie même, à son égard, à se servir de la poudre *viticure* et *fertilisante* du soussigné.

Et, en effet ; à part son *efficacité* contre les maladies de la vigne et sa *supériorité* incontestable sur le *soufre* d'abord, et probablement aussi sur les autres *moyens* qu'on a dit avoir trouvés et qu'on prétend encore trouver *tous les jours*, sans qu'aucun d'eux n'ait encore pu justifier de sa propriété *curative*, il y a économie *réelle* et *assurée* pour les propriétaires de vignes, à employer celui qui leur est ici proposé.

Cette *économie*, relativement au *soufre*, dont on ne s'est servi jusqu'ici qu'après beaucoup d'hésitations, ne peut point faire le moindre doute, car, malgré que la poudre *viticure* et *fertilisante* dont il est question, soit plus pesante que le soufre, elle possède surtout, dans les molécules de la *pyrite de fer sulfuré*, qui y entre pour la plus grande portion, et dans celle de l'*oxide de manganèse*, une forme moins *sphérique* et plus *accrochante*. Par conséquent, cela lui donnera le pouvoir de mieux se fixer sur les *plis*, sur les *sinuosités*, les *contours* et dans les *interstices* des bourgeons, des feuilles et des pampres.

A cette propriété, ou à son plus *d'adhérence* sur toutes les parties de la vigne, venant s'ajouter précisément la circonstance de *son plus de pesanteur*, cela fait encore que ce *mélange de diverses substances*, par sa *projection* sur tout l'*arbuste vinifère* avec le soufflet à soufrer, tombe moins à terre que le soufre, et qu'il s'en perd une plus petite quantité dans l'atmosphère. Et comme cette *poudre* est en outre très-*fertilisante* et un *excellent engrais* pour la vigne, la partie qui tombe sur le sol contribue puissamment à le féconder.

Cette nouvelle dose d'*engrais*, réunie à la quantité de la première médicamentation sur les racines mises à nu assez profondément, ainsi qu'à celle provenant du premier *saupoudrage* (deux opérations expressément recommandées comme indispensables), fera, bien certainement, qu'il faudra à la vigne une bien *moindre quantité de fumier ordinaire* que celle que tout propriétaire jaloux de sa production et de sa longue durée, est dans l'habitude d'y répandre.

La *poudre* dont s'agit pourra se vendre à un prix très-modéré et relativement moins élevé que celui du *soufre* qui n'a jamais été un *curatif* même de l'*oïdium*, et dont on ne s'est assez bien trouvé, contre cette maladie, que tout autant qu'on a soufré *continuellement fort et ferme*, et sans discontinuation, les vignes qui étaient atteintes de cette maladie; et elle ne méritera jamais le reproche de *falsification*.

Ce remède de la vigne, sous l'action de l'air *atmosphérique*, opère le *dessèchement* et l'*atrophie* des *cryptogames*, *parasites végétaux* et *animaux*, avec plus de lenteur que les *insecticides en général*, lesquels pourraient bien, dans l'espèc avoir le défaut d'agir *trop activement* et *trop vite*. Ce dan u reste, a été signalé dans les conseils qui ont été do *pour la recherche du moyen propre à détruire le phillo* ou puceron, par le Gouvernement français qui s'est just ment ému des progrès de cette maladie, et voudrait, par l'institution d'un prix de 20,000 francs, récompenser l'auteur d'un procédé susceptible de la combattre.

Pour en finir de cette *Notice* déjà trop longue, (à propos d'une chose pour laquelle l'usage et l'expérience devraient être les *meilleurs garants*, mais que j'ai tenu à développer suffisamment dans l'intérêt de la vérité, et contre les préventions qu'ont dû faire naître tant de remèdes déclarés *infaillibles*, et tant de raisonnements faux qu'on a faits à propos de la dernière maladie de la vigne, dite du *philloxéra* : il est bon d'observer que dans le *procédé actuel* il n'y a rien de *nuisible* à la santé, soit relativement à l'exercice de l'*emploi* auquel il est subordonné, soit, par rapport à la nature et à la qualité des vins qui n'en sont jamais viciés.

Ce qu'il y a de certain, c'est que l'*efficacité* du remède contre la dernière maladie de la vigne (alors qu'aucun de ceux jusqu'ici proposés n'a complétement réussi, au dire même du rapport de la commission instituée par le gouvernement pour l'étude de cette maladie), ne devait pas dépendre, d'après ce document officiel, *seulement de la nature et de l'énergie des substances employées ; mais aussi du mode d'emploi et du moment de l'application qui devraient être toujours d'une très-grande importance*.

C'est précisément ici, qu'à suite d'études, d'observations et d'expériences, la *poudre* proposée comme *viticure* et *fertilisante*, avec son *mode d'emploi*, et le *moment le plus favorable pour son application*, se présente dans toutes les conditions voulues pour que son but puisse et doive être atteint.

Les propriétaires viticoles qui en feront l'essai, l'adopteront probablement de préférence à tout autre moyen, quelle que soit en général, dans l'espèce humaine, la prévention contre les nouvelles découvertes. Ce qu'il doit y avoir de certain, même pour ceux qui ne feraient point l'épreuve de ce procédé contre les maladies de la vigne, c'est que, dans tous les cas, et quoiqu'il en fût de sa complète réussite, ils ne pourraient douter, d'après ce qui vient d'être dit, qu'*il vaudrait toujours mieux* que tout ce dont on s'est servi jusqu'ici.

L'inventeur breveté de la poudre *viticure* et *fertilisante* pour laquelle il ne réclame d'autre appui et d'autre concours que l'essai à en faire par les propriétaires de vignes, se propose, dans ce but, d'en tenir à leur disposition pour la campagne prochaine, à des prix très-modérés, par chaque balle de 100 et de 50 kilogrammes. En attendant, on pourra s'en procurer à St-Pons de petites quantités, à raison de 0 fr 20 c. le kilogramme, chez M.

Et pour rendre encore plus *fertilisante* et plus *adhérente* aux diverses parties de la souche et de la plante de la vigne, sa poudre *viticure*, le soussigné vient de faire adjonction à ce *mélange*, et dans la proportion de 3 parties ou 3|18 de plus d'un *schiste calqueux* pulvérisé et tamisé comme toutes les autres substances qui composent ce *corps*.

D'après Dufrenoy (voir son *Traité de Minéralogie*, t. IV, p. 304), l'analyse de roche serait la suivante :

Silice.	45,60
Alumine.	25,10
Oxyde ferreux	5,40
Soude. }	6,50
Potasse. }	16,10
	78,70

Une septième substance y sera également additionnée habituellement mais *ad libitum*, et par mode *facultatif* pour une portion seulement, on 1/48 du *tout*.

Cette matière qui n'est autre chose que des *scories* de fer et de cuivre, ou *résidus* de fonte, a pour objet principal de rendre la poudre *viticure* encore plus *fertilisante*.

La nature et les principes de ses éléments constitutifs indiquent suffisamment son *utilité*, comme *Engrais*, sans qu'il soit nécessaire d'en faire la démonstration.

Il en est de même de la substance précédente dont l'analyse, au surplus, en indique sa plus grande utilité, comme *fécondant* le sol.

Le *procédé* ou *mélange* en question, à part son *insecticidité* sa propriété *desséchante* des *parasites végétaux* qui attaquent la vigne, et son *efficacité* contre les insectes qui la ravagent, tels que la *Pyrale*, les *Altises*, l'*Eumalpe* de la vigne (E. Vitis) vulgairement appelé *gribouri*, le *Philloxèra vastatrix* etc., ne contribue pas peu par son état d'*engrais*, à la guérison de ses maladies connues.

Comme on l'a vu plus haut, si M. Louis Faucon pense que l'emploi de ses *engrais alcalins* sont *le plus puissant auxi-*

liaire de son traitement par la *submersion*, assurément ma poudre *viticure* et *fertilisante* ne doit leur céder en rien, sous ce rapport.

Mais quelle que soit en réalité sa puissance contre ces maladies de la vigne, ses avantages, sa supériorité sur le *soufre* (sans parler de cette *immensité* de moyens déclarés *infallibles* qu'on aurait trouvés, alors même que le Gouvernement, *pour faciliter la recherche d'un moyenef ficace* qu'il déclarait *n'avoir pas encore été trouvé*, publiait et propageait un rapport d'une commission par lui instituée pour l'*étude de la nouvelle maladie de la vigne dite du Philloxéra*), je ne me fais point illusion sur l'adoption *immédiate* de mon procédé; non, je ne me fais pas illusion, en présence du soufre que l'on a adopté, comme on le sait, avec tant de difficulté et qu'on garde *machinalement*, malgré que personne de ceux qui l'emploient ne puisse ignorer aujourd'hui, que ce corps *simple*, parfois encore falsifié est impuissant à arrêter, même *momentanément* les progrès de l'*oïdium*, si on se ralentit de soufrer *fort* et *ferme* ; j'espère néanmoins, en la réalisation de l'évidence et en celle du *vrai* contre le *faux*.

Et quoi qu'il pût en advenir, fort des résultats des diverses expériences qui ont été faites de mon *procédé*, tout en l'offrant, comme *préventif*, *curatif* et *fertilisant*, aux viticulteurs seulement, je me trouverais suffisamment dédommagés des recherches, des observations, des comparaisons et des études auxquelles j'ai été obligé de me livrer pour atteindre le but que je m'étais proposé ; ne serait-ce, d'ailleurs, que la croyance loyale d'*une utilité quelconque* dans cette œuvre, cela me suffirait.

Bien qu'il soit *expressément* recommandé de faire l'application de ma poudre *viticure* et *fertilisante*, avant la végétation de la vigne, on fera toujours bien, quand on y aura pas été à temps, de l'effectuer plus tard. et durant la période annuelle et fructifère de cette plante, car on en retirera toujours quelque avantage.

Mais pour obtenir un résultat complet, il faut observer, autant que possible, les prescriptions qui ont été recommandées, et à cet effet, comme, pour avoir de plus grands produits, on devra faire l'emploi du procédé en question, tous les deux ans, de deux manières différentes indiquées, c'est-à-dire, une année, en opérant sur les racines, mises à nû, etc., et l'autre année, en ne fesant que les saupoudrages, à l'extérieur. Mais en cas de réapparition du Philloxéra, ou du *pourri* des racines, il faudrait ne pas négliger la projection sur icelles *déchaussées* à une profondeur suffisante.

Et enfin, pour que la *vraissemblance* tout au moins de l'efficacité de ma *trouvaille* puisse être reconnue *par les propriétaires et les cultivateurs de vignes,* auxquels je m'adresse, et au risque même, moi qui ai été traité de *passionné* pour la minéralogie dans une exposition universelle de France (ce dont je m'honore), et peut-être de bien autre chose, dans certains lieux, comme ancien propriétaire (ce que je mépriserais), en remerciant les uns, et mettant au défi les autres, on pourra se procurer chez les personnes qui y seront indiquées :

1° Des prospectus-circulaires ;

2. Des exemplaires de la présente Notice.

Saint-Pons, 1872.

JUSTIN DE BONNE, *ancien bâtonnier.*

Béziers, typ. Ernest Fuzier, rue Montmorency. 11.

www.ingramcontent.com/pod-product-compliance
Ingram Content Group UK Ltd.
Pitfield, Milton Keynes, MK11 3LW, UK
UKHW020958220726
13924UKWH00002B/761

9 782019 916053